你们好！我是岩石。

就像你们看到的那样，我的体型非常巨大。

我不知道自己是从什么时候开始待在这里的。

因为时间太久了，我都记不起来了。

从现在起，我就给大家讲一讲我在这段长久

的岁月里所见过的一些事情吧。

　　据说，这片丛林存在的时间比我还要久。

　　因此，这里生活着非常多的生物。

　　除了眼前的树木、花草以及动物，这里还存在着很多眼睛看不到的微小生物。

　　生物大致上可以分为树木、花草等植物、以植物或其他动物为食的动物以及一些体型微小的微生物。这些生物与阳光、土壤、水、空气等非生物聚在一起就会形成生态系统。我们可以将生态系统看作是生物和非生物环境构成的统一整体。

生物想要生存就要吃掉其他生物。例如草在发芽生长之后会被鹿或兔子等食草动物吃掉，而兔子则又会被狐狸等更加强大的动物吃掉。

为了生存，生物们往往需要以其他生物为食。其中，最先被吃掉的通常是花草、树木等在阳光下自行合成养分的植物。像兔子等以植物为食的动物，我们称之为食草动物。另外，捕食其他动物为生的动物，我们称之为食肉动物。如果用图形来表示，这些生物之间的摄食关系将会是一种链状或网状的复杂结构。这种关系，我们称之为"食物链"或"食物网"。

当然，狐狸也会被老虎、狮子等大型动物所捕食。

怎么样？是不是很令人惊讶？

不过，这就是生物的世界。

有一天，一只兔子蹦蹦跳跳地走了过来。

不过，它并不是来找我玩的，而是为了来吃草。

吧唧吧唧。

这时，正打算饱餐一顿的兔子突然躲到了我的身后。

原来是不知从哪里冒出了一只狐狸。

幸好狐狸并没有发现兔子，而是跑到了别的地方。

"吁，差点就没命了。如果世上没有狐狸该有多好。那样我就可以放心地吃草了。"

看到狐狸离开，兔子摸着胸口说。

不过，兔子想得有些天真了。

因为即使狐狸消失，兔子也无法安心地吃草。

你问为什么？那就让我来告诉你吧。

如果狐狸消失，那兔子就不会被吃掉，于是数量就会变得越来越多。

　　兔子变多，那它们吃的食物量就会增加，兔子的食物——车轴草的数量将会大大减少。

　　如果车轴草渐渐减少，最终被灭绝了会怎么样呢？

　　说不定那些兔子们都会饿死吧。

　　如果世上没有食肉动物，只有食草动物，那么食草动物就会大量繁殖，最终吃掉所有的植物。如此一来，食草动物就会因为没有食物而饿死。

生物们通过食物链各自维持着适当的数量。如果一方的数量突然暴增或急剧减少都会对其他生物产生严重的影响。因此，虽然被捕食的动物始终生活在捕食者的恐惧之下，但捕食者消失了也不见得就一定是好事。

大型食肉动物

生物的世界是一种"吃"或被"吃"的关系。只不过它们始终维持着微妙的平衡。例如在生态系统中，往往植物的数量最多，然后是食草动物，而食肉动物的数量是最少的。因为只有这样才不会导致一方会饿死。如果用图画来标示，这种关系会形成一种金字塔的形状。因此，我们也将它称之为"能量金字塔"。

以植物为食的食草动物

植物

另外，还发生过这样一
件事情。

有一天，不知从哪里传
来一阵抱怨的声音：

"臭死了！熏得我头疼。"

原来是一只动物在排便，
而大便的附近正好有一枚樱
桃籽在发芽。

樱桃籽抱怨说：

"为什么我得在这些肮脏、腥臭的大便旁边发芽？这些随地大小便的动物都应该消失掉。"

植物无法像动物那样到处走动。因此，在散播种子的时候，它们往往会使用各种各样手段。其中一种就是引诱动物吃掉自己的果子。它们会让自己的果子散发出好吃的味道和美丽的色泽，让动物们忍不住将其吃掉。当藏在果子里的种子通过动物的大便排泄出来，就等于成功地散播种子了。

　　不过，有一点是樱桃籽所不知道的。那就是樱桃籽本身也是来自动物的大便。

　　如果没有动物会如何呢?

　　樱桃籽或许会掉落在樱桃树下，然后与其他众多樱桃籽争抢营养，最终无法健康地成长。

虽然生物之间维持着吃和被吃的关系，但这并不意味着所有的生物都会乖乖地被其他生物吃掉。

即使是无法出声、无法移动的生
物，也会通过制造毒或尖刺来保护自
己的安全，就像毒蘑菇或玫瑰一样。

为了保护自己，植物会采取各
种方法。例如产生有毒物质，让动
物吃下后死掉或无法消化；或制造
尖刺，防止动物们靠近。除此之
外，还有一些植物会分泌出奇怪的
味道或在叶子周边生出锯齿状的尖
刺或绒毛，并以此来赶走敌人。

那么，动物是如何保护自己的呢？

我给大家讲一讲我所见过的神奇一幕吧。

有一次，一只金凤蝶幼虫在啃食着树叶。

这时，一只壁虎突然出现在树上。

片刻后，这只壁虎吐着舌头，缓缓地爬了过来。

"啊，小心！"

我正打算提醒金凤蝶幼虫，可是一瞬间金凤蝶幼虫突然消失不见了。

那只壁虎也没有找出幼虫，最终不得不败兴而归。

你说金凤蝶幼虫究竟去哪儿了呢？

　　直到后来我才知道，原来金凤蝶幼虫是伪装成树叶藏了起来。

　　由于它的颜色跟树叶一样都是绿色，加上它一动不动地贴在树叶上，所以我们都没有发现它。

　　动物们为了保护自己也是手段尽出。有些动物会装死，而有些动物则会改变自身的颜色和纹路与周围的环境融为一体。另外，遇到敌人时发出尖叫或将自己的身体膨胀起来，拥有细长、尖锐的爪子或毒牙等都是动物们保护自己的手段。

不过，也有一些动物会在生存过程中相互依赖、相互帮助。

下面的故事是从我身边经过的风告诉我的。

据说，热带雨林里生活着一种叫作鳄鱼的可怕动物。而这种动物会和一种叫作鳄鱼鸟的小鸟互惠共生。

鳄鱼鸟会捕食寄生在鳄鱼皮肤和鳄鱼嘴巴里的虫子，而鳄鱼则在鳄鱼鸟的帮助下活得更加健康。

假如没有鳄鱼鸟，鳄鱼或许每天都要受到虫子的折磨。

一些生物会在生存时与其他生物形成相互依赖、相互帮助的关系。我们称这种关系为共生。除了鳄鱼和鳄鱼鸟之外，还有许多生物之间都拥有共生关系。例如喜欢吃甜东西的黑蚂蚁会保护可以排泄甜汁的蚜虫，而蚜虫会分泌出一种甜汁作为回报。

白天的丛林非常热闹。

因为大部分植物和动物都在白天活动。

不过也有一些动物，例如猫头鹰、杜鹃、蝙蝠等动物会在晚上活动。

有一天，猫头鹰说道：

"啊，要是整天都是夜晚该有多好？"

这时，坐在它旁边的杜鹃说：

"只有夜晚，那世上就不会有阳光，植物们也无法生长。最终，所有的动物都会死亡，甚至包括我们！"

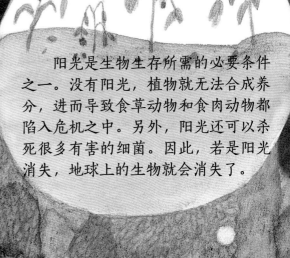

阳光是生物生存所需的必要条件之一。没有阳光，植物就无法合成养分，进而导致食草动物和食肉动物都陷入危机之中。另外，阳光还可以杀死很多有害的细菌。因此，若是阳光消失，地球上的生物就会消失了。

世界由如此之多的生物构成。

随着这些生物的出现、成长、消失，丛林也会不断地发生变化。

就连我的样子也是如此。

不断经历风吹雨打，我最终说不定也会像那些灰尘一样消失不见。

这就是自然。

出生，成长，直至消失。

不过，我喜欢这样的世界。

动物们是如何躲避敌人的眼睛的

在生态系统中，动物们免不了吃或被吃的命运。而在这一过程中，经常沦为其他动物食物的弱小动物们都领悟出了各自的生存诀窍。

有些动物会改变自己的身体颜色，将自己融入周围的环境当中。因为当身体的颜色与周边的颜色相近时，会大大减少被其他动物发现的可能性。我们将它称之为"保护色"。

例如菜虫的颜色是和菜叶一样的绿色，冬天雪兔会将自己的毛色转变为和雪一样的白色，变色龙可以根据周边的情况转变自己的身体颜色。这些都属于保护色的范畴。

有些动物利用颜色保护自己不被敌人发现，而有些动物则会利用身体形态来迷惑敌人，称为"拟态"。

例如生活在大海中的一种海马拥有和海草一样的身体形状，因此能够很好地躲避敌人的搜查。

另外，当遇到来自敌人的威胁时，长得像树枝一样的竹节虫会一动不动地紧贴在树枝上，将自己的身形掩藏起来。

▼雪中的白色野兔

◄将身体颜色转变为树叶颜色的变色龙

动物们正在 灭绝

生活在地球上的动物种类非常繁多。大部分动物都是在地球上生活了很久。然而，也有一些动物已经消失或濒临灭绝。如今已经灭绝的动物当中，最著名的就是恐龙。不过，也有很多动物是最近一段时间消亡的。

生活在新西兰的恐鸟就是在 1000 多年前灭绝的。生活在毛里求斯岛的渡渡鸟也在 300 年前消失了。

另外，猩猩、爪哇犀牛、科莫多巨蜥等无数动物都面临着灭绝的危机。

动物灭绝的最大原因是人类。随着人们肆意猎杀动物、侵占动物们的栖息地，一些动物们逐渐失去生存空间，数量和种类也因此大幅减少。

现在大家应该知道，保护动物及它们的生存环境是一件多么重要的事情了吧！

▼面临灭绝危机的科莫多巨蜥

1 植物、动物、微生物等生物与阳光、水、空气等非生物融合形成的环境叫什么？

2 用直线将下方的名称与其对应的说明连接起来。

（1）  植物 ●　　　　① 以植物为食

（2） 食草动物 ●　　　② 利用阳光合成养分

（3） 食肉动物 ●　　　③ 以其他动物为食

3 如果我是丛林里的动物，那么当我遇到可怕的老虎时应该如何应对？

No. **461**

与孩子一起阅读
是最有爱的事！

福利增值

扫码免费领取
奥比编程课程

这套书中全都是生活中常见的科学故事。

从肉眼看不见的微小生物，到身体庞大的恐龙，

从小生命是如何诞生，到大自然的生态系统，

当你静下心来倾听这些有趣的故事时，

就可以见到神奇而惊人的科学原理。

好啦，让我们一起去奇妙的科学世界遨游吧！

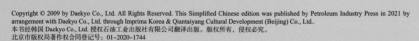

图书在版编目（CIP）数据

共同生活的丛林才是最好的 /（韩）南瓜星著；（韩）姜永秀绘；千太阳译. —— 北京：石油工业出版社，2021.5（从小爱科学·生物真奇妙：全9册） ISBN 978-7-5183-3934-1 Ⅰ . ①共… Ⅱ . ①南… ②姜… ③千… Ⅲ . ①生物学—少儿读物 Ⅳ . ① Q-49 中国版本图书馆 CIP 数据核字（2020）第 167205 号

选题策划：艾 嘉 艺术统筹：艾 嘉 责任编辑：曹秋梅 李 丹 出版发行：石油工业出版社（北京安定门外安华里 2 区 1 号 100011） 网址：www.petropub.com 编辑部：（010）64523604 团购电话：（010）64219110 64523649 经销：全国新华书店 印刷：北京中石油彩色印刷有限责任公司 2021 年 5 月第 1 版 2021 年 5 月第 1 次 印刷 710 毫米 ×1000 毫米 开本：1/16 印张：18 字数：45 千字 定价：135.00 元（全 9 册）

（如发现印装质量问题，我社图书营销中心负责调换）版权所有，翻印必究

上架建议：生物学－少儿读物

ISBN 978-7-5183-3934-1

9 787518 339341 >

定价：135.00 元（全 9 册）

从小爱科学——
生物真奇妙
（全9册）

足迷藏真难

[韩]尹喜贞 著
[韩]徐恩祯 绘
千太阳 译

石油工业出版社